Ibrahim Khan
Ihsan Mabood Qazi

Desenvolvimento e avaliação da qualidade da mistura de tamarindo e ameixa

Ibrahim Khan
Ihsan Mabood Qazi

Desenvolvimento e avaliação da qualidade da mistura de tamarindo e ameixa

Imprint

Any brand names and product names mentioned in this book are subject to trademark, brand or patent protection and are trademarks or registered trademarks of their respective holders. The use of brand names, product names, common names, trade names, product descriptions etc. even without a particular marking in this work is in no way to be construed to mean that such names may be regarded as unrestricted in respect of trademark and brand protection legislation and could thus be used by anyone.

Cover image: www.ingimage.com

This book is a translation from the original published under ISBN 978-3-330-33410-6.

Publisher:
Sciencia Scripts
is a trademark of
Dodo Books Indian Ocean Ltd. and OmniScriptum S.R.L publishing group

120 High Road, East Finchley, London, N2 9ED, United Kingdom
Str. Armeneasca 28/1, office 1, Chisinau MD-2012, Republic of Moldova, Europe
Managing Directors: Ieva Konstantinova, Victoria Ursu
info@omniscriptum.com

Printed at: see last page
ISBN: 978-620-3-28612-0

OBRIGADO

Não tenho palavras para exprimir a minha profunda gratidão a Alá, Todo-Poderoso, Prudente e Misericordioso, que me deu a coragem de realizar este trabalho de investigação e contribuir para o nobre domínio do conhecimento, e a minha sincera gratidão ao Profeta Maomé (que descanse em paz), que é para sempre um farol de orientação e conhecimento para a humanidade.

Gostaria de expressar a minha profunda gratidão e respeito ao meu ilustre orientador, Dr. Ihsan Mabood Qazi, Department of Food Science and Technology, Agricultural University, Peshawar, e ao meu co-professor, Falak Naz Shah, Chief Research Officer, Food Technology Section, ARI Tarnab Peshawar, pelo seu constante encorajamento, sugestões úteis e orientação durante o meu estudo. As suas críticas construtivas, o seu interesse pessoal e a sua orientação deram-me a força necessária para concluir este trabalho de investigação.

Um agradecimento especial ao presidente, Professor Alam Zeb, e a todo o pessoal da Faculdade de Ciência e Tecnologia Alimentar da Universidade de Agricultura de Peshawar pela sua amabilidade e conselhos.

Finalmente, gostaria de agradecer a toda a minha família pelo seu apoio amoroso, especialmente aos meus avós, pais, tios, irmãos e irmãs, que têm sido uma fonte constante de oração e inspiração durante os meus estudos.

Ibrahim Khan

DESENVOLVIMENTO E AVALIAÇÃO DA QUALIDADE MISTURA DE TAMARINDO E ABÓBORA DURANTE O ARMAZENAMENTO

Ibrahim Khan e Ihsan Mabood Qazi

Faculdade de Ciências e Tecnologia Alimentares

Faculdade de Ciências da Alimentação

Universidade de Agricultura, Peshawar - Paquistão

maio de 2016.

Autor correspondente : ibrahimfst339@gmail.com

ABSTRAKT

O estudo foi efectuado para testar a combinação de tamarindo e ameixa misturados com abóbora durante um período de 90 dias à temperatura ambiente. O tamarindo e a ameixa foram adicionados em combinações de 750:0, 650:100, 550:200, 450:300, 350:400, 250:500, 150:600 e 50:700 para cada tratamento. As misturas preparadas de tamarindo e ameixa foram submetidas a análises físico-químicas para SST, ácido ascórbico, acidez, rácio açúcar-ácido, pH, açúcares redutores e não redutores e análises organolépticas para sabor, cor, textura e aceitabilidade geral durante um período total de 90 dias. Os resultados da análise estatística mostraram que o tratamento e o período de armazenamento tiveram um efeito significativo ($P<0,05$) na avaliação físico-química e organoléptica. Os resultados também mostraram que houve uma diminuição no teor de ácido ascórbico (de 39,49mg/100gm para 27,40mg/100gm), acidez titulável (de 1,09% para 0,98%), açúcares não redutores (de 44,36% para 21,97%) e avaliação sensorial, incluindo sabor (de 6,85 para 5,83), cor (de 6.33 para 5,36), aroma (7,54 para 5,75) e aceitabilidade global (8,03 para 6,14), enquanto se observou um aumento dos sólidos solúveis totais (48,98°brix para 49,61°brix), do rácio açúcar/ácido (44,94 para 50,79), do pH (2,77 para 2,84) e dos açúcares redutores (17,21% para 31,23%) durante o armazenamento. Os valores médios mais elevados foram obtidos para o TSS TPS7 (51,64°brix), ácido ascórbico TPS7 (37,87mg/100gm), ácido titulável TPS1 (2,31%), rácio de açúcar ácido TPS0 (50.55), pH TPS7 (2,93), açúcar redutor TPS0 (25,32%), açúcar não redutor TPS4 (37,64%), cor TPS5 (6,70), aroma TPS5 (7,54), sabor TPS5 (7,00) e aceitabilidade global TPS5 (7,76). De todos os tratamentos, o TPS5 foi considerado o melhor. Os resultados mostraram que os parâmetros físico-químicos e organolépticos do tratamento TPS5 diminuíram significativamente (P<0,05).

Palavras chave: ameixa, tamarindo, vitamina C, benzoato de sódio, acidez.

Capítulo 1: INTRODUÇÃO

O tamarindo (Tamarind indica L.) pertence à família *Caesalpiniaceae.* Cresce principalmente na África tropical, mas foi naturalizado na América do Norte e do Sul, da Florida ao Brasil, e é também cultivado na China subtropical, Índia, Paquistão, China, Tailândia, Filipinas, Indonésia e Espanha. O fruto do tamarindo pode ser utilizado para vários fins, incluindo digestivo, traqueal, laxante, expetorante e tónico para o sangue (Komutarin et al., 2004). A polpa de tamarindo também é utilizada para fins medicinais e ainda é utilizada por muitas pessoas em África, na Ásia e na América (Gunasena e Hughes, 2000).

O sumo de tamarindo tem algumas desvantagens, como a cor pouco apetitosa, a perda de sabor fresco e a perecibilidade (Martinello *et al.,* 2006) e efeitos hipoglicémicos (Maiti *et al.,* 2005). A polpa de tamarindo é utilizada principalmente para acidificar alimentos como chutney, sambar, caril e molhos. A polpa de tamarindo também é utilizada para fazer compotas, geleias, gelados, bebidas semelhantes a vinho, sumo de tamarindo em conserva e xarope. É também consumida sob a forma de refrigerantes e bebidas. A fruta é normalmente transformada em sumos, néctares, ponches de fruta, concentrados, fruta congelada e cristalizada. A polpa pode ser utilizada após tratamento térmico, mantendo o sabor original (Siddig *et al.,* 2006).

Os frutos de tamarindo têm um baixo teor de água e é difícil extrair-lhes a polpa. Com o desenvolvimento da tecnologia, a polpa de tamarindo pode ser extraída utilizando técnicas de processamento convencionais, como a imersão, a maceração e a filtração. Estas técnicas permitem uma extração fácil da polpa (Joshi *et al.*, 2012). A polpa de tamarindo contém ácido tartárico, açúcares redutores, pectina, proteínas, fibras e materiais celulósicos. O teor de ácido e açúcar varia de amostra para amostra; por exemplo, ácido tartárico: 8-18%, açúcares redutores 2545%, pectinas 2-3,5% e proteínas 2-3% (Shankaracharya, 1998). A polpa de tamarindo tem um aroma rico e um sabor azedo agradável, que é amplamente utilizado como o principal acidificante para caris, molhos e algumas bebidas. A polpa é também utilizada como matéria-prima para a preparação de bebidas semelhantes ao vinho (Sanchez, 1985).

A ameixa (*Prunus domestica* L.) é um fruto de caroço climatérico perecível que só pode ser armazenado durante curtos períodos a temperaturas óptimas. A deterioração dos frutos de ameixa pode ser causada pela formação de bolores e pelo rápido amadurecimento durante o armazenamento. O prazo de validade das ameixas pode ser prolongado através de um manuseamento, transporte e cadeia de comercialização adequados, bem como do armazenamento a baixas temperaturas para melhorar a qualidade do fruto após a colheita (Wang, 1993).

As ameixas, também conhecidas como drupas, são constituídas por uma casca sólida na qual estão encerradas as sementes. As sementes de ameixa encerradas são mais ricas em proteínas e lípidos, o que pode torná-las uma fonte barata de várias substâncias úteis para as indústrias alimentar, cosmética e farmacêutica. O conteúdo lipídico das sementes de ameixa já foi estudado (Hassanein, 1999). As ameixas têm polpa e pele vermelhas e são frutos muito interessantes devido ao seu elevado teor de substâncias bioactivas, como as antocianinas e outros compostos polifenólicos com elevada capacidade antioxidante (Diaz *et al.,* 2009). Estas substâncias naturais contidas nas ameixas têm efeitos preventivos contra doenças como a diabetes e o cancro (Seeram *et ,* 2006 *, al.alet al.*2007) e Zafra .

Os refrigerantes concentrados são utilizados para fins refrescantes e são bebidas muito populares que contêm uma percentagem de sumo. A época de verão no Paquistão é longa e a maioria das pessoas aprecia este tipo de bebidas. Actividades como a produção, conservação e venda destas bebidas são comercialmente importantes para o nosso país (Ismail e Rehman, 1995). As bebidas de fruta são uma combinação de produtos que contêm polpa de fruta, sumo e água, bem como edulcorantes, corantes, aromatizantes e conservantes. Embora os ingredientes de fruta nestas bebidas desempenhem um papel dominante no seu sabor e carácter gerais, este tipo de produto é diferenciado dos sumos de fruta e rotulado em conformidade (Hicks, 1990). Dada a importância do tamarindo e da ameixa, foi desenvolvida uma mistura de ameixa e tamarindo sob a forma de abóbora.

Objectivos

1.   Produção de bebidas de valor acrescentado a partir de misturas de tamarindo

Ameixa.

2.   Desenvolver a mistura certa de tamarindo, ameixa e abóbora.

3.   Análise das propriedades físico-químicas e sensoriais de misturas de tamarindo e ameixa durante o armazenamento.

Capítulo 2: MATERIAIS E MÉTODOS

Seleção de frutos

Frutos de tamarindo e de ameixa perfeitamente maduros foram comprados no mercado local de Peshawar e levados para o laboratório do Departamento de Tecnologia Alimentar, ARI Tarnab, Peshawar, para produzir misturas de tamarindo e de ameixa.

Pré-tratamento de misturas de abóbora

Os frutos de tamarindo e de ameixa foram cuidadosamente selecionados para eliminar os frutos doentes, danificados, esmagados e não maduros. Em seguida, os frutos selecionados foram cuidadosamente lavados com água da torneira e a água foi drenada. A parte não desejada foi removida por poda. A polpa foi extraída com uma máquina de digestão (modelo 35027, Rochdale, Inglaterra).

Preparação de misturas de abóbora

As misturas de tamarindo e ameixa foram preparadas de acordo com o método de (Archana e Laxman 2015) (ver Tabela 3.0). Os materiais foram adicionados numa proporção de 4:3:1 de açúcar, polpa e água, respetivamente.

Quadro 2.0 Plano de estudo proposto

Treatments	Tamarind juice (ml)	Plum juice (ml)	CMC (g)	Sugar (kg)	Water (ml)	potassium meta-bi-sulphite (%)
TPS_0	750	_	2	1	250	0.1
TPS_1	650	100	2	1	250	0.1
TPS_2	550	200	2	1	250	0.1
TPS_3	450	300	2	1	250	0.1
TPS_4	350	400	2	1	250	0.1
TPS_5	250	500	2	1	250	0.1
TPS_6	150	600	2	1	250	0.1
TPS_7	50	700	2	1	250	0.1

Embalagem e armazenamento

A abóbora preparada foi embalada em garrafas PET e armazenada à temperatura ambiente durante 3 meses. Em seguida, foi analisada a intervalos de 15 dias para determinar as suas propriedades físico-químicas e sensoriais.

Análises físicas e químicas

O pH, o TSS, a acidez titulável, a vitamina C, os açúcares redutores e não redutores foram analisados na abóbora preparada, o rácio açúcar/ácido foi calculado a partir dos dados do TSS e da acidez titulável e medido de acordo com o método (AOAC 2012).

Sólidos solúveis totais

O SST (°brix) foi determinado utilizando o método normalizado da AOAC (2012), métodos n.ºs 932.14 e 932.12. O dispositivo foi calibrado e efectua uma leitura exacta adicionando uma pequena quantidade de tamarindo ameixa misturado com abóbora.

Acidez titulável

Preparação de uma solução padrão de NaOH a 0,1

Introduzir 6,30 g de ácido oxálico e 4,5 g de NaOH num balão volumétrico e completar o volume até 1 litro com água destilada. Tomar 10 ml de solução 0,1 N de NaOH e titular com a solução 0,1 N de ácido oxálico. Adicionar 3 gotas de fenolftaleína (indicador). Repetir a experiência três vezes. Registar o valor medido até ao aparecimento de uma cor rosa.

Titulação da amostra

Tomar 10 ml de amostra de abóbora e dissolver em água destilada até perfazer um volume de 100 ml. De seguida, tomar 10 ml da solução da amostra, adicionar duas gotas de fenolftaleína e titular com uma solução de NaOH 0,1 N. Repetir a experiência 3 vezes para reduzir o erro. O resultado é lido quando aparece a cor rosa.

$$Acidity(\%) = \frac{C.\,F \times N \times T \times D \times 100}{V \times S}$$

Onde

C.F Fator de correção da acidez

N Normalidade do hidróxido de sódio utilizado

T ml de hidróxido de sódio utilizado

D Fator de diluição da amostra

V Amostra colhida para diluição

S Amostra colhida para titulação

Rácio açúcar/ácido

A relação açúcar/ácido das misturas de tamarindo e ameixa foi calculada pela seguinte fórmula

$$Sugar\ acid\ ratio = \frac{Total\ Soluble\ Solids\ (TSS)}{Titratble\ acidity\ (\%)}$$

pH

O pH é a concentração de iões de hidrogénio e varia de 1 a 14, indicando a acidez e a alcalinidade da amostra, enquanto o pH 7 é neutro e indica água limpa. Para determinar o pH da amostra, foi utilizado o método correto da AOAC (2012), 2005.02. Ligar o medidor de pH e padronizá-lo com uma solução-tampão de pH 4 ou pH 7. Colocar 10 ml da amostra de ameixa de tamarindo num copo, segurar o elétrodo e registar o resultado.

Redução do açúcar

O método padrão AOAC (2012) 920.183 foi utilizado para analisar os açúcares redutores em misturas de tamarindo e ameixa.

Reagentes

FehlingA: Dissolvido. 34,65 g de $CuSO_4.5H_2O$ em 500 ml de água destilada.

Fehling B: Colocar 173 g de titrato de potássio e 50 g de NaOH num copo e dissolver em 10 ml de água. Verter a solução preparada para um Erlenmeyer de 500 ml e completar o volume com água destilada.

Azul de metileno

O azul de metileno é um indicador. Introduzir 0,2 g de azul de metileno num balão volumétrico de 100 ml e dissolvê-lo em 150 ml de água destilada, completando o volume com mais água destilada.

Procedimento

Tomar uma amostra de 10 ml da mistura de tamarindo e ameixa e adicionar água destilada até obter um volume exato de 100 ml. Deitar num Erlenmeyer 5 ml de Fehling A e 5 ml de Fehling B com 10 ml de água destilada. Aquece-se o balão até começar a ferver. Adiciona-se a solução da bureta, gota a gota, até a cor mudar para vermelho-tijolo. Adicionam-se duas gotas de azul de metileno à solução em ebulição. Quando a cor muda de vermelho para azul, adiciona-se mais solução de tamarindo até se obter uma cor vermelho-tijolo.

Cálculo

= A quantidade de Fehling A é de 5 ml + % ml de Fehling B X ml de solução de amostra a 10% corresponde a 0,05 g de açúcar redutor x 100 *ml* de solução de amostra a 10%.

$$100 \text{ ml of } 10\text{ \% solution will contain } = \frac{0.05 \times 100}{X \text{ ml}}$$
$$= Y \text{ g of reducing sugar}$$

$$\text{Reducing sugar (\%)} = \frac{Y \times 100}{10}$$

Açúcares não redutores

O método normalizado da AOAC (2012) 920.184 foi utilizado para testar o teor de açúcares não redutores em misturas de tamarindo e ameixa.

Procedimento

Colocar 10 ml da amostra num balão volumétrico e completar o volume até 100 ml com água destilada. Tomou-se 20 ml da solução e diluiu-se com 10 ml de HCl 1 N. A mistura foi aquecida até à ebulição e, após arrefecimento, adicionaram-se 10 ml de NaOH 1 N e ajustou-se o volume para 250 ml. Tomar 5 ml de cada solução de Fehling A e B e diluir com 10 ml de água destilada. Aquecer a solução até à ebulição e adicionar a solução diluída misturada com ameixas de tamarindo, gota a gota, até obter uma cor vermelho-tijolo. Adicionar 2 gotas de azul de metileno para verificar se a reação está completa. Para determinar a quantidade de açúcar não redutor, utilizou-se a seguinte fórmula

Cálculos

A solução corresponde a X ml   = 0,05 g de açúcares redutores

A amostra de 250 ml contém   = 259 x 0,05 / ml = Y g de açúcar redutor

Esta solução de amostra de 250 ml foi preparada com 20 ml de uma solução aquosa a 10%.

A solução exemplo contém Y x 100 / 20   = P g de açúcar redutor

10 ml da solução de amostra contêm   = P g de açúcar redutor

100 ml de solução de amostra contém   = P x 100 / 10 = Q g de agente redutor total

Açúcar

Q g açúcar redutor   = açúcar invertido + açúcar redutor livre

A fórmula dos açúcares não redutores é a seguinte = açúcares redutores totais - açúcares redutores livres

Ácido ascórbico

Produção de soluções padrão

42 mg de bicarbonato de sódio ($NaHCO_3$) e 50 mg de corante 2,6-diclorofenol-indofenol são completados para 250 ml com água destilada. Para preparar uma solução padrão de vitamina C, tomar 50 mg de ácido ascórbico e adicionar a 50 ml de solução de ácido oxálico a 0,4%. Guardar a solução durante 24 horas. Tomar 5 ml da solução de ácido ascórbico e titular com o corante até ao aparecimento de uma coloração rosa que dure um minuto. Fórmula para a determinação do fator de coloração.

$$\text{Dye factor (F)} = \frac{\text{vitamin C solution taken in ml}}{\text{Volume of used dye}}$$

Titulação da amostra

Tomar 10 ml da mistura de tamarindo e ameixa e completar o volume até 100 ml com uma solução de ácido oxálico a 0,4%. Deitar 10 ml da solução de amostra num balão e titular com corante até à persistência de uma cor rosa durante 15 segundos. A fórmula para a determinação do teor de vitamina C é a seguinte

Onde

= F Fator de normalização ml de ácido ascórbico / ml de pigmento utilizado

T ml de pigmento utilizado na amostra

S ml da amostra diluída para a titulação

D ml de amostra para diluição,

$$\text{Ascorbic acid (mg/100g)} = \frac{F \times T \times 100}{S \times D}$$

Avaliação sensorial

Amostras da mistura de tamarindo, ameixa e abóbora foram avaliadas sensorialmente por 10 juízes treinados quanto à cor, textura, sabor e aceitabilidade global. Os testes organolépticos foram efectuados durante um período de aproximadamente 3 meses. As avaliações foram efectuadas utilizando a escala hedónica de 9 pontos de Larmond (1977).

Análise estatística

Todos os dados relativos aos tratamentos e aos intervalos de posicionamento foram analisados estatisticamente utilizando um desenho aleatório completo de dois factores (CRD), tal como recomendado por Gomez e Gomez (1984), e as médias foram calculadas utilizando o teste da diferença mínima significativa (LSD) ao nível de 5% (Steel e Torrie, 1997).

Capítulo 3 RESULTADOS E DISCUSSÃO

3.1 Sólidos solúveis totais (Brix)

De acordo com a Tabela 4.1, as amostras mistas de tamarindo e abóbora ameixa foram analisadas quanto ao SST (°Brix). Os dados das amostras mostraram um aumento significativo ($P<0,05$) ao longo do período de armazenamento. As amostras de mistura de tamarindo e ameixa variaram de 47,45 (TPS2) a 51,35 (TPS7). O valor de SST de todas as amostras aumentou gradualmente de 48,29 (TPS0) para 51,94 (TPS7) durante os 90 dias de armazenamento. A Tabela 4.1 também mostra que o valor médio mínimo de SST foi registado para TPS2 (47,78), enquanto TPS7 teve o valor médio máximo (51,64). Da mesma forma, os dados mostram que o aumento percentual máximo do valor de SST foi registado na amostra TPS2 (1,76), enquanto a amostra TPS5 (1,05) apresentou um aumento percentual mínimo. Os dados revelam uma alteração significativa da mistura de tamarindo e ameixa durante a armazenagem. Kotecha e Kadam (2003) efectuaram observações semelhantes para o xarope de tamarindo e Nath *et al* (2005) para o gengibre misturado com tangerina, que devido à hidrólise de polissacáridos como o amido e as substâncias pécticas em substâncias mais simples, o SST aumentou durante o processamento. Gillani (2002) estudou o aumento dos SST em diferentes variedades de manga. O SST da polpa de maçã aumentou com a utilização de conservantes químicos (Kinh *et al.*, 2001). Verificou-se que o SST das misturas de tamarindo e ameixa aumentava com o armazenamento e o processamento.

Quadro 3.1 SST (°brix) de abóbora da mistura de tamarindo e sumo de ameixa a diferentes níveis

Treatments	Storage interval							% Inc	Means
	Initial day	15	30	45	60	75	90		
TPS_0	47.55	47.69	47.78	47.88	47.92	48.12	48.29	1.53	47.89g
TPS_1	47.65	47.74	47.84	47.96	48.11	48.23	48.33	1.41	47.98f
TPS_2	47.45	47.54	47.65	47.74	47.84	47.93	48.03	1.76	47.78h
TPS_3	48.35	48.44	48.56	48.63	48.72	48.81	48.92	1.17	48.63e
TPS_4	49.25	49.34	49.43	49.52	49.62	49.73	49.82	1.14	49.53d
TPS_5	49.95	50.04	50.11	50.2	50.29	50.39	50.48	1.05	50.21c
TPS_6	50.25	50.34	50.43	50.54	50.62	50.73	50.81	1.10	50.53b
TPS_7	51.35	51.45	51.54	51.63	51.74	51.85	51.94	1.14	51.64a
Mean	48.98g	49.07f	49.17e	49.26d	49.36c	49.47b	49.61a		

Os valores assinalados com letras diferentes são significativamente diferentes uns dos outros (P<0,05).

3.2 Ácido ascórbico (vitamina C)

Os dados do Quadro 4.2 mostram um efeito significativo (p < 0,05) na armazenagem e transformação da mistura de tamarindo. Foi observada uma diminuição significativa (p < 0,05) do teor de vitamina C. O ácido ascórbico no tamarindo variou de 35,79 (TPS0) a 43,86 (TPS7) no dia zero e depois diminuiu gradualmente de 23,76 (TPS0) a 31,87 (TPS0) durante o período de armazenamento de 90 dias. O valor médio do ácido ascórbico foi estimado em 39,49 para o período de zero dias e 27,40 para o período de 90 dias. De acordo com o quadro 4.2, a amostra TPS7 registou o valor médio mais elevado (37,87), enquanto a amostra TPS0 registou o valor médio mais baixo (29,69). A amostra TPS1 (33,95) registou a maior diminuição percentual, enquanto a amostra TPS5 (27,03) registou a menor. Os resultados acima são consistentes com os de Kinh *et al* (2001), que encontraram uma menor percentagem de ácido ascórbico na polpa da maçã sob a influência da temperatura e da luz. Mehmood *et al* (2008) investigaram o facto de o intervalo de tempo também reduzir os níveis de ácido ascórbico. Zeb *et al* (2008) também verificaram que o teor de ácido ascórbico do sumo de uva diminui durante o armazenamento à temperatura ambiente. O tempo de armazenamento, o oxigénio, a luz e o tratamento térmico reduzem a ação do ácido ascórbico através de catalisadores enzimáticos e não enzimáticos (Mapso, 1970). Na maioria dos nutrientes aderentes, a vitamina C é muito importante porque a sua degradação é utilizada como um indicador de qualidade.

Quadro 3.2 Ácido ascórbico na abóbora feita a partir de uma mistura de sumo de tamarindo e ameixas secas em diferentes quantidades

| Treatments | Storage interval | | | | | | | % Dec | Means |
	Initial day	15	30	45	60	75	90		
TPS_0	35.79	33.35	31.09	29.78	27.87	25.35	23.76	33.61	29.69g
TPS_1	36.23	35.98	33.98	31.09	26.98	25.18	23.93	33.95	30.60f
TPS_2	37.98	36.01	34.98	31.35	28.64	26.98	25.75	32.20	31.68e
TPS_3	38.09	37.98	33.09	32.29	30.01	28.87	26.75	31.23	32.68d
TPS_4	39.91	37.45	35.67	33.91	31.25	29.65	27.85	30.22	33.67c
TPS_5	41.25	39.28	38.01	36.61	34.44	32.11	30.01	27.03	35.98b
TPS_6	41.99	39.24	37.35	36.12	33.42	31.81	29.19	30.48	35.59b
TPS_7	43.86	41.23	39.09	37.54	36.15	34.54	31.87	27.34	37.87a
Mean	39.49a	37.58b	35.72c	33.69d	31.11e	29.31f	27.40g		

Os valores das letras individuais diferem significativamente (P<0,05) de .

3.3 Acidez titulável

A Tabela 4.3 mostra diferenças significativas (P<0,05) entre as amostras de tamarindo e abóbora ameixa durante o período de armazenamento. A acidez percentual das amostras de abóbora variou de 1 (TPS_0) a 1,18 (TPS_7) no primeiro dia e mostrou uma tendência decrescente de 0,9 (TPS_0) a 1,06 (TPS_7) durante o período de armazenamento de 90 dias. O valor médio no primeiro dia foi de 1,09 e diminuiu para 0,98 durante o período de 90 dias. A amostra TPS1 (2,31) apresentou um valor médio elevado, enquanto a amostra TPS5 (2,15) apresentou um valor mínimo. A amostra TPS1 (11,65) registou a maior diminuição percentual da acidez, enquanto a amostra TPS5 (9,57) registou a menor diminuição percentual da acidez. O aumento da acidez deve-se às condições de armazenamento e à degradação da substância pectina (Riaz *et al.*, 1988). Mehmood *et al* (2008) verificaram uma tendência para o aumento da acidez, enquanto o pH dos sumos de fruta diminuía durante a transformação e o armazenamento a . Um resultado semelhante foi relatado por Gajanan (2002), segundo o qual a hidrólise de polissacarídeos e açúcares não redutores reduz a acidez do sumo de amla, sendo o ácido convertido em açúcar hexose ou complexos na presença de iões metálicos. Lakshmi *et al* (2005) e Nidhi *et al* (2008) também observaram uma redução da acidez durante o período de armazenamento das bebidas RTS de tamarindo e RTS de goiaba bael, respetivamente. Estes dados indicam que a acidez titulável diminui com o armazenamento e o processamento.

Quadro 3.3 Acidez titulável da mistura de abóbora

Sumo de tamarindo e de ameixa em diferentes níveis

| Treatments | Storage interval | | | | | | | % Dec | Mean |
	Initial day	15	30	45	60	75	90		
TPS$_0$	1.00	0.98	0.96	0.95	0.93	0.92	0.90	10.00	2.08h
TPS$_1$	1.03	1.01	0.99	0.97	0.95	0.93	0.91	11.65	2.31g
TPS$_2$	1.05	1.03	1.01	0.99	0.97	0.95	0.93	11.43	2.29f
TPS$_3$	1.08	1.06	1.04	1.03	1.01	0.99	0.97	10.19	2.17e
TPS$_4$	1.11	1.09	1.07	1.05	1.03	1.02	1.00	9.91	2.16d
TPS$_5$	1.15	1.13	1.11	1.09	1.08	1.06	1.04	9.57	2.15b
TPS$_6$	1.13	1.11	1.09	1.07	1.05	1.04	1.02	9.73	2.16c
TPS$_7$	1.18	1.16	1.15	1.13	1.11	1.08	1.06	10.17	2.25a
Mean	1.09a	1.07b	1.05c	1.04d	1.02e	1.00f	0.98g		

Os valores assinalados com letras diferentes são significativamente diferentes uns dos outros (P<0,05).

3.4 Relação açúcar/ácido

A Tabela 4.4 mostra um efeito significativo (P<0,05) nos efeitos de tratamento e armazenamento da abóbora mista de tamarindo. O índice de acidez doce das amostras de abóbora variou de 43,52 (TPS7) a 47,55 (TPSo) no primeiro dia, enquanto mostrou uma tendência crescente de 48,86 (TPS6) a 53,66 (TPS1) durante o período de armazenamento de 90 dias. O valor médio no primeiro dia de armazenamento foi de 44,94, que depois aumentou para 50,79. A amostra TPSo (50,55) teve um valor médio elevado, enquanto a amostra TPS7 (46,00) o valor médio mais baixo. A amostra TPSo ( ) registou o maior aumento (11,38), enquanto a amostra TPS5 (10,56) registou o menor aumento do teor percentual de ácido sacárico. De acordo com Chyau *et al* (1992), substâncias como a pecina, o açúcar redutor, o açúcar total e a acidez na goiaba diminuem durante a maturação, enquanto a relação açúcar/ácido na goiaba aumenta. A partir dos dados, pode concluir-se que a relação açúcar/ácido aumenta com o tempo, em resultado do armazenamento e da transformação.

Quadro 3.4 Relação açúcar/ácido na abóbora obtida a partir de uma mistura de sumo de tamarindo e de ameixa em diferentes níveis

Treatments	Storage interval							% Inc	Mean
	Initial day	15	30	45	60	75	90		
TPS$_0$	47.55	48.66	49.77	50.40	51.53	52.30	53.66	11.38	50.55a
TPS$_1$	46.26	47.27	48.32	49.44	50.64	51.86	53.11	12.89	49.56b
TPS$_2$	45.19	46.16	47.18	48.22	49.32	50.45	51.94	12.99	48.35c
TPS$_3$	44.77	45.70	46.69	47.21	48.24	49.30	50.43	11.23	47.48d
TPS$_4$	44.37	45.27	46.20	47.16	48.17	48.75	49.82	10.94	47.11e
TPS$_5$	43.70	44.55	45.43	46.37	46.87	47.86	48.86	10.56	46.23f
TPS$_6$	44.20	45.08	45.97	46.92	47.90	48.45	49.49	10.68	46.86e
TPS$_7$	43.52	44.35	44.82	45.69	46.61	48.01	49.00	11.19	46.00f
Mean	44.94g	45.88f	46.80e	47.68d	48.66c	49.62b	50.79a		

Os valores assinalados com letras diferentes são significativamente diferentes uns dos outros (P<0,05).

3,5 Valor de pH

Os dados relativos à mistura de tamarindo e ameixa revelaram uma tendência decrescente durante o período de armazenamento. O pH do tamarindo variou entre 2,68 ($_{TPS0}$) e 2,89 ($_{TPS7}$) no dia 1 do período de armazenagem, aumentando gradualmente de 2,76 ($_{TPS0}$) para 2,97 ($_{TPS7}$) durante o período de armazenagem de 90 dias. A média dos dados no dia 1 foi de 2,77, tendo depois diminuído para 3,73 durante o período de armazenagem. A amostra de tamarindo TPS7 apresentou uma média elevada de 2,93, enquanto a amostra de tamarindo $_{TPS0}$ apresentou uma média baixa de 2,72.

A amostra $_{TPS0}$ registou uma descida percentual elevada do pH (2,90). No entanto, a amostra de abóbora TPS5 (2,39) apresentou um valor mínimo de pH com uma diminuição percentual. Foi observado um efeito significativo (P<0,05) das misturas de tamarindo e ameixa para o tempo e o tratamento. Nath *et al* (2005) estudaram os mesmos resultados para a abóbora com gengibre Kinnow (tangerina). De acordo com (Jitareerat *et al.*, 2007), o pH dos frutos e legumes é alterado pelo tratamento térmico sobre as substâncias bioquímicas, reduzindo a respiração e o processo metabólico. Cecília e Maia (2002) estudaram a tendência para a diminuição do pH do sumo de maçã durante o armazenamento. À medida que a acidez e a hidrólise da pectina aumentam, o pH do sumo diminui (Imran *et al.*, 2000). Deduziram que o pH aumentou com o processamento e armazenamento do sumo misto de tamarindo e ameixa.

Tabela 3.5 pH da abóbora obtida a partir de uma mistura de sumo de tamarindo e sumo de ameixa em diferentes fases

Treatments	Initial day	15	30	45	60	75	90	% Dec	Means
	Storage interval								
TPS_0	2.68	2.69	2.71	2.72	2.73	2.74	2.76	2.90	2.72h
TPS_1	2.69	2.07	2.72	2.73	2.75	2.76	2.77	2.89	2.73g
TPS_2	2.72	2.73	2.74	2.75	2.76	2.78	2.79	2.51	2.75f
TPS_3	2.72	2.74	2.75	2.76	2.78	2.79	2.08	2.86	2.76e
TPS_4	2.75	2.76	2.77	2.79	2.81	2.82	2.83	2.83	2.79d
TPS_5	2.86	2.88	2.89	2.91	2.92	2.92	2.93	2.39	2.90b
TPS_6	2.81	2.83	2.84	2.85	2.86	2.87	2.88	2.43	2.85c
TPS_7	2.89	2.9	2.92	2.93	2.94	2.95	2.97	2.69	2.93a
Mean	2.77g	2.78f	2.79e	2.81d	2.82c	2.83b	2.84a		

Os valores assinalados com letras diferentes são significativamente diferentes uns dos outros (P<0,05).

3.6 Redução do açúcar

O quadro 4.6 mostra o efeito do intervalo de tempo e do tratamento na mistura de tamarindo com ameixa. O açúcar redutor no tamarindo variou de 17,10 (GST7) a 17,32 (GST1) no primeiro dia. Durante o período de armazenamento de 90 dias, foi observada uma tendência crescente, de 28,10 (TPS0) a 33,23 (TPS3). O valor médio para as ameixas de tamarindo foi de 17,21 no primeiro dia e aumentou gradualmente para 31,23 durante o período de armazenamento. A amostra de ameixa de tamarindo TPS0 (25,32) teve o valor médio mais alto, enquanto a amostra TPS5 (23,08) teve o valor médio mais baixo. A amostra de abóbora TPS3 (48,18) apresentou o maior aumento percentual, enquanto a amostra TPS5 (39,07) apresentou o menor aumento percentual de açúcar redutor. Foi observado um efeito significativo (P<0,05) na mistura de tamarindo e abóbora ameixa em todos os tratamentos e períodos de armazenamento. Os resultados acima mostram semelhanças com o relatório de Kotecha & Kadam (2003) e Sahu *et al.* (2006) sobre o xarope de tamarindo e a bebida de manga-leguminosa, tendo ambos registado aumentos nos açúcares totais e redutores. Tanto a acidez como a temperatura têm um efeito positivo sobre os açúcares redutores (conversão da sacarose em glucose e frutose) (Singh *et al.*, 1999). O açúcar redutor na fruta aumenta devido à decomposição da sacarose (Ewaidah 1992). Podemos, portanto, inferir que o açúcar redutor aumenta com o tempo.

Quadro 3.6 Açúcar de abóbora reduzido obtido a partir da mistura

Sumo de tamarindo e de ameixa em diferentes níveis

Treatments	Storage interval							% Inc	Mean
	Initial day	15	30	45	60	75	90		
TPS$_0$	17.25	20.25	23.76	25.48	28.15	30.35	31.98	46.06	25.32a
TPS$_1$	17.32	19.01	21.24	25.31	28.54	30.35	32.31	46.39	24.88ab
TPS$_2$	17.28	18.09	21.29	24.32	26.45	28.54	31.46	45.07	24.03bc
TPS$_3$	17.22	20.02	22.25	25.32	28.45	30.21	33.23	48.18	25.27a
TPS$_4$	17.24	19.25	22.87	24.54	26.93	28.54	30.65	43.75	24.29bc
TPS$_5$	17.12	20.21	22.23	23.35	24.43	26.15	28.01	39.07	23.08d
TPS$_6$	17.15	19.01	22.98	24.84	26.89	29.45	31.98	46.37	24.63abc
TPS$_7$	17.01	19.19	21.09	23.65	26.98	28.09	30.15	43.28	23.98c
Mean	17.21g	19.53f	22.32e	24.60d	27.10c	29.06b	31.23a		

Os valores assinalados com letras diferentes são significativamente diferentes uns dos outros (P<0,05).

3.7 Açúcar não redutor

Na Tabela 4.7, os dados para a mistura de tamarindo, ameixa e abóbora são significativamente reduzidos (P<0,05) durante os períodos de armazenamento e tratamento. No primeiro dia, os dados relativos à amostra de abóbora variaram entre 40,20 (TPS0) e 47,1 (TPS4). Durante o período de armazenamento, o teor de açúcar não redutor diminuiu gradualmente de 19,35 (TPS0) para 25,76 (TPS5) após 90 dias. A amostra composta de tamarindo TPS4 (37,64) apresentou o valor médio mais elevado, enquanto a amostra de abóbora TPS7 (30,87) apresentou o valor médio mais baixo. A amostra TPS2 apresentou uma redução percentual elevada (54,95). No entanto, a amostra TPS5 (44,54) apresentou a menor diminuição percentual. Kotecha e Kadam (2003) e Sahu *et al* (2006) apresentaram os mesmos resultados, ou seja, o teor de açúcares totais e redutores aumentou, enquanto o teor de açúcares não redutores em xaropes de tamarindo e bebidas de manga e erva-cidreira diminuiu durante o armazenamento. A principal razão para a transformação de açúcares redutores em açúcares não redutores é a glicogénese, mas também a modificação de vitaminas, açúcares e ácidos orgânicos durante os períodos de armazenamento da polpa de cenoura (Hamed, 1996), o que leva a concluir que os açúcares não redutores diminuem com as condições de processamento e armazenamento.

Quadro 3.7 Açúcares não redutores em abóboras obtidas por corte

Sumo de tamarindo e de ameixa em diferentes níveis

Treatments	Initial day	Storage interval						% Dec	Mean
		15	30	45	60	75	90		
TPS_0	40.02	39.56	35.43	31.87	27.85	22.96	19.35	51.87	31.03d
TPS_1	42.35	40.12	35.24	31.01	27.43	24.45	20.25	52.18	31.55d
TPS_2	44.95	42.01	38.65	34.21	30.24	23.46	20.25	54.95	33.41c
TPS_3	45.98	43.25	40.13	35.65	31.35	25.78	21.98	52.20	34.87b
TPS_4	47.01	45.24	41.21	39.19	34.99	30.01	25.65	45.54	37.64a
TPS_5	46.45	43.87	40.24	35.87	30.87	28.31	25.76	44.54	35.91b
TPS_6	46.01	45.01	40.95	37.45	30.14	25.09	22.45	51.30	35.44b
TPS_7	41.76	39.35	34.76	30.12	27.09	22.12	20.01	51.87	30.87d
Mean	44.36a	42.32b	38.33c	34.42d	30.10e	25.39f	21.97g		

Os valores marcados com letras diferentes são significativamente diferentes uns dos outros (P<0,05).

3.8 Gosto

Os dados do quadro 4.8 mostram uma diminuição estatisticamente significativa (P<0,05) do sabor da mistura de tamarindo e ameixa durante a transformação e a armazenagem. As classificações sensoriais do sabor do tamarindo e da ameixa variaram de 6,6 (TPS1, TPS7) a 7,4 (TPS5) num intervalo de zero dias. Durante o período de armazenamento de 90 dias, observou-se uma diminuição gradual de 5,5 (GST1, GST7) para 6,5 (GST5). A amostra de tamarindo TPS5 (7,00) apresentou o valor médio mais elevado, enquanto a amostra TPS7 (6,04) apresentou o valor mais baixo. A amostra de tamarindo (TPS1) registou uma diminuição máxima de 17,91%, enquanto se observou uma diminuição mínima de 12,16% para a amostra TPS5. Os dados acima referidos tiveram um impacto significativo no sabor das bebidas mistas de tamarindo e ameixa durante o armazenamento e o processamento. Durante o RTS, a luz afecta os ácidos e o ácido ascórbico (vitamina C) presentes na abóbora laranja (Muhammad *et al.*, 1987), enquanto o RTS do tamarindo apresenta os mesmos resultados (Kotecha & Kadam, 2003). A alteração do sabor deve-se a alterações da acidez e do pH (Rathore *et al.*, 2007).

Quadro 3.8 Sabor da abóbora preparada com sumo de tamarindo e ameixas secas em diferentes quantidades

Treatments	Storage interval							% Dec	Mean
	Initial day	15	30	45	60	75	90		
TPS$_0$	6.6	6.4	6.3	6.2	6.0	5.8	5.7	13.64	6.14de
TPS$_1$	6.7	6.6	6.4	6.1	6.0	5.8	5.5	17.91	6.16cd
TPS$_2$	6.8	6.6	6.5	6.2	6.0	5.9	5.7	16.18	6.24cd
TPS$_3$	6.9	6.7	6.5	6.4	6.3	6.2	6.0	13.04	6.43b
TPS$_4$	7.0	6.9	6.7	6.5	6.3	6.1	6.0	14.29	6.50b
TPS$_5$	7.4	7.3	7.2	7.0	6.9	6.7	6.5	12.16	7.00a
TPS$_6$	6.8	6.6	6.5	6.2	6.1	5.9	5.7	16.18	6.26c
TPS$_7$	6.6	6.3	6.2	6.0	5.9	5.8	5.5	16.67	6.04e
Mean	6.85a	6.68b	6.54c	6.33d	6.19e	6.03f	5.83g		

Os valores marcados com letras diferentes são significativamente diferentes uns dos outros (P<0,05).

3.9 Cor

Foi observado um efeito significativamente decrescente (P<0,05) na cor do tamarindo ao longo do intervalo de tempo. No intervalo de zero dias, as classificações sensoriais da cor do tamarindo variaram entre 6 (TPS3) e 7,1 (TPS5), diminuindo gradualmente de 5 (TPS3) para 6,3 (TPS5) ao longo do intervalo de 90 dias. A média diária inicial foi de 6,33 e depois diminuiu para 5,36. A amostra TPS5 apresentou uma média máxima de 6,70, enquanto a média mais baixa de 5,50 foi obtida para a amostra TPS3. Foi observada uma diminuição de 16,67% para a amostra TPS3, enquanto a menor percentagem de diminuição foi observada para a amostra TPS5 (12,68). Foi observado um efeito significativo (P<0,05) na cor da mistura de tamarindo e ameixa durante o período de armazenamento. Estes resultados estão de acordo com os de (Jannifer, 1993), que encontrou uma tendência decrescente na cor durante os 90 dias de armazenamento da abóbora. A cor da bebida diminui devido à presença de 2-metil-3-furantiol e metanol, que produzem um aroma a podre no sumo de laranja armazenado (Bezman $et\ al$, 2001). Brennder $et\ al$ (1985) e Jennifer (1993) investigaram o facto de a presença de SO_2 reduzir o escurecimento de frutas e legumes.

Tabela 3.9 Cor da abóbora feita com uma mistura de sumo de tamarindo e ameixas secas em diferentes quantidades

Treatments	Storage interval							% Dec	Mean
	0	15	30	45	60	75	90		
TPS_0	6.5	6.4	6.2	6.1	5.9	5.6	5.5	15.38	6.03b
TPS_1	6.3	6.2	6.0	5.9	5.6	5.5	5.3	15.87	5.83c

TPS$_2$	6.1	6.0	5.8	5.6	5.5	5.3	5.1	16.39	5.63e
TPS$_3$	6.0	5.9	5.7	5.4	5.3	5.2	5.0	16.67	5.50f
TPS$_4$	6.2	6.0	5.9	5.8	5.7	5.4	5.3	14.52	5.76d
TPS$_5$	7.1	7.0	6.9	6.7	6.6	6.4	6.2	12.68	6.70a
TPS$_6$	6.2	6.0	5.9	5.6	5.4	5.3	5.2	16.13	5.66e
TPS$_7$	6.2	6.0	5.9	5.7	5.6	5.5	5.3	14.52	5.74d
Mean	6.33a	6.19b	6.04c	5.85d	5.70e	5.53f	5.36g		

Os valores marcados com letras diferentes são significativamente diferentes uns dos outros (P<0,05).

3.10 Gosto

O quadro 4.10 apresenta os dados relativos à mistura de tamarindo e abóbora ameixa. A classificação sensorial média do sabor da abóbora diminuiu significativamente para ambos os métodos e períodos de armazenamento (P<0,05). O painel classificou o sabor da mistura de tamarindo e abóbora com ameixa entre 7,1 (TPSo) e 7,9 (TPS5) em intervalos zero. No entanto, o sabor das amostras de abóbora diminuiu gradualmente de 2,3 (TPSo) para 7,1 (TPS5) durante o período de armazenamento de 90 dias. O valor médio do sabor foi de 7,54 e diminuiu para 5,75 durante o período de armazenamento. O TPS5 teve um valor médio elevado (7,54), enquanto que o TPSo obteve um valor médio baixo (5,01). A percentagem máxima de diminuição do sabor da abóbora foi observada para o TPSo (67,61), enquanto uma diminuição mínima de 10,13% foi observada para o TPS5. O tamarindo diferiu significativamente (P<0,05) de acordo com o tratamento e o intervalo de tempo. Os resultados das propriedades físico-químicas e sensoriais das bebidas de laranja mostram semelhanças, como relatado por (Jain *et al.*, 2003). De acordo com Martin (1995), os resultados do sumo de laranja pasteurizado armazenado em garrafas de vidro mostram uma deterioração da qualidade organoléptica. Resultados semelhantes foram obtidos por (Paracha 2004), que verificou uma perda de sabor na goiaba durante um período de armazenamento de 3 meses. A ligeira diferença de sabor pode dever-se às condições e ao tempo de armazenamento.

Quadro 3.10 Sabor da abóbora preparada com tamarindo e

Sumo de ameixa em diferentes níveis

Treatments	Storage interval							% Dec	Mean
	Initial day	15	30	45	60	75	90		
TPS$_0$	7.1	6.6	6.0	5.4	4.4	3.3	2.3	67.61	5.01c
TPS$_1$	7.8	7.5	7.1	6.7	6.2	5.6	4.9	37.18	6.54b
TPS$_2$	7.6	7.5	7.3	7.2	7.0	6.6	6.3	17.11	7.07ab
TPS$_3$	7.5	7.4	7.2	7.0	6.9	6.8	6.7	10.67	7.07ab
TPS$_4$	7.7	7.4	7.2	6.8	6.6	6.3	6.0	22.08	6.86b
TPS$_5$	7.9	7.8	7.7	7.6	7.4	7.3	7.1	10.13	7.54a
TPS$_6$	7.4	7.3	7.1	7.0	6.8	6.7	6.3	14.86	6.94b
TPS$_7$	7.3	7.2	7.1	7.0	6.9	6.8	6.4	12.33	6.96b
Mean	7.54a	7.34ab	7.09ab	6.84bc	6.53cd	6.18de	5.75e		

Os valores marcados com letras diferentes são significativamente diferentes uns dos outros (P<0,05).

3.11 Aceitação geral

O quadro 4.11 mostra o efeito dos dois tratamentos e do período de armazenamento na qualidade geral da mistura de tamarindo e abóbora ameixa. A aceitação da qualidade global da mistura de abóbora diminuiu significativamente (P<0,05) para ambos os tratamentos e período de armazenamento. A aceitação global da mistura de tamarindo e ameixa variou de 7,8 (TPS_0) a 8,2 ($TPS5$, $TPS2$) durante os primeiros dias e diminuiu gradualmente de 3,6 (TPS_0) a 7,3 ($TPS5$) durante o período de armazenamento de 90 dias. O valor médio de aceitação global foi de 8,03, mas diminuiu para 6,14 durante o período de armazenamento. O valor médio mais elevado (7,76) foi observado para o TPS5, enquanto o valor médio mais baixo (5,86) foi observado para o TPS_0.

A maior diminuição percentual (53,85) foi registada para o TPS_0, enquanto a menor diminuição percentual (10,98) foi observada para o $TPS5$. A aceitabilidade global das misturas de tamarindo e ameixa foi significativamente (P<0,05) dependente do tratamento e do período de armazenamento. (Rosário, 1996) observou que quanto maior o tempo de armazenamento, menor a aceitação da qualidade geral. A perda de qualidade global foi influenciada pelo tratamento, temperatura e tempo de armazenamento (Hye *et al.*, 2000).

Quadro 3.11 Aceitação global da abóbora preparada com sumo de tamarindo e ameixas secas em diferentes quantidades

Treatments	Storage interval							% Dec	Mean
	Initial day	15	30	45	60	75	90		
TPS_0	7.8	7.3	6.8	6.1	5.3	4.1	3.6	53.85	5.86d
TPS_1	8.0	7.7	7.4	7.0	6.4	5.8	5.0	37.5	6.76c
TPS_2	8.2	7.9	7.5	7.1	6.6	6.0	5.4	34.15	6.96bc
TPS_3	8.0	7.8	7.6	7.5	7.4	7.1	6.9	13.75	7.47ab
TPS_4	8.1	8.0	7.8	7.5	7.4	7.1	7.0	13.58	7.56a
TPS_5	8.2	8.0	7.9	7.8	7.7	7.4	7.3	10.98	7.76a
TPS_6	8.0	7.9	7.5	7.4	7.3	7.1	6.9	13.75	7.44ab
TPS_7	7.9	7.7	7.6	7.5	7.3	7.1	7.0	11.39	7.44ab
Mean	8.03a	7.79ab	7.51bc	7.24cd	6.93de	6.46ef	6.14f		

Os valores assinalados com letras diferentes são significativamente diferentes uns dos outros (P<0,05).

Capítulo 4 CONCLUSÃO

A investigação centrou-se na preparação de bebidas mistas feitas de tamarindo e ameixa em diferentes proporções. Ambos os frutos (tamarindo e ameixa) são naturalmente ácidos e têm um elevado valor nutricional. O tamarindo também tem valor medicinal. Ambos os frutos contêm níveis elevados de vitamina C, que ajuda a manter a pele macia, os dentes fortes e os músculos fortes. O tamarindo é utilizado numa vasta gama de produtos, incluindo chutneys, gelados, salsichas e bebidas. Na indústria alimentar, são fabricados vários produtos a partir da polpa de tamarindo. Para preparar o puré de tamarindo, o sumo extraído é misturado com água e outros ingredientes, como açúcar, ácido cítrico e conservantes.

O pH da mistura de tamarindo e ameixa aumentou de 2,77 para 2,84 ao longo de 90 dias de armazenamento. O maior aumento de pH foi observado na amostra TPS6 (2,39%) seguida da TPS5 (2,43%), em comparação, a menor diminuição foi observada na amostra TPSo (2,90%) seguida da amostra TPS1 (2,89%). O TSS da mistura de tamarindo e abóbora com ameixa aumentou de 48,98 para 49,61, com a amostra TPS2 a apresentar o maior aumento de TSS (1,76%), seguida da amostra TPSo (1,53%), em comparação com uma diminuição mínima na amostra TPS5 (1,05%), seguida da amostra TPS6 (1,10%). A acidez das amostras compostas de tamarindo e abóbora diminuiu de 1,09 para 0,98. A maior diminuição da acidez foi observada na amostra de abóbora TPS6 (9,57%), seguida da amostra TPS5 (9,73%), enquanto a menor diminuição foi observada na amostra TPS1 (11,65%), seguida da amostra TPS2 (11,43%). O rácio açúcar/ácido das misturas de tamarindo e ameixa aumentou de 44,94 para 50,79 ao longo de 90 dias de armazenamento. O maior aumento do rácio açúcar/ácido foi observado na amostra TPS2 (12,99%), seguida da amostra TPS1 (12,89%), enquanto a menor diminuição foi observada na amostra TPS6 (10,56%), seguida da amostra TPS5 (10,68%). O açúcar redutor das amostras compostas de tamarindo, ameixa e abóbora aumentou de 17,21 para 31,23 ao longo de 90 dias de armazenamento. O aumento máximo do açúcar redutor das amostras foi observado na amostra TPS3 (48,18%) seguida da amostra TPS1 (46,39%), em comparação, a diminuição mínima foi observada na amostra TPSo (39,07%) seguida da amostra TPS7 (43,28%). O açúcar não redutor da mistura de tamarindo e ameixa diminuiu de 44,36 para 21,97 ao longo de 90 dias de armazenamento. A maior diminuição de açúcares não redutores foi observada na amostra TPS2 (54,95%), seguida pela amostra TPS1 (52,18%). Em comparação, a menor diminuição foi observada na amostra TPS5 (44,54%), seguida pela amostra TPS4 (45,54%). O teor de vitamina C das amostras de tamarindo, ameixa e abóbora diminuiu de 39,49 para 27,40 ao longo de 90 dias de armazenamento. A maior diminuição no teor de vitamina C (ácido ascórbico) foi observada na amostra TPS1 (33,95%), seguida pela amostra TPSo (33,61%), enquanto a menor diminuição foi observada na amostra TPS5 (27,03%), seguida pela amostra TPS7 (27,34%).

O sabor da mistura de tamarindo, ameixa e abóbora diminuiu de 6,85 para 5,83 durante 90 dias de armazenamento. A maior diminuição do sabor foi observada na amostra TPS1 (17,91%) e a menor na amostra TPS5 (12,16%) ( ). A cor da mistura de tamarindo e ameixa diminuiu de 6,33 para 5,36 durante 90 dias de armazenamento. A maior diminuição de cor foi observada na amostra TPS3 (16,67%), seguida da amostra TPS2 (16,39%), enquanto a menor diminuição foi observada na amostra TPS5 (12,68%). O sabor da mistura de tamarindo, ameixa e abóbora diminuiu de 7,54 para 5,75 ao longo de 90 dias de armazenamento. A maior diminuição do sabor foi observada na amostra TPSo (67,61%), enquanto a menor diminuição foi observada na amostra TPS5 (10,13%). A aceitabilidade global da mistura de tamarindo e ameixa diminuiu de 8,03 para 6,14 ao longo de 90 dias de armazenamento. A maior diminuição da aceitabilidade global da amostra foi observada na amostra TPSo (53,85%), enquanto a menor diminuição foi observada na amostra TPS5 (10,98%).

Os resultados mostraram que o tratamento TPS5 era mais aceitável em termos de análise físico-química. Por outro lado, os dados da análise organoléptica da amostra TPS5 apresentaram resultados mais aceitáveis em termos de sabor, cor, aroma e aceitabilidade global. Por conseguinte, os resultados da amostra TPS5 da mistura de tamarindo e abóbora com ameixa são recomendados para utilização comercial e produção industrial em grande escala.

Capítulo 5: CONCLUSÕES E RECOMENDAÇÕES

Conclusões

O presente trabalho sobre misturas de tamarindo, ameixa e abóbora foi efectuado em diferentes proporções. Foram utilizados conservantes químicos para inibir o crescimento da atividade microbiana nas misturas de tamarindo e ameixa. A abóbora preparada foi embalada em garrafas de plástico e armazenada à temperatura ambiente durante 90 dias. As propriedades físico-químicas e sensoriais da abóbora preparada foram então analisadas durante os 90 dias de armazenamento. Algumas análises físico-químicas e sensoriais mostraram alterações, mas estas não afectaram a qualidade geral da abóbora. Com base nos resultados acima referidos, concluiu-se que a amostra TPS5 apresentou a melhor qualidade durante o período de armazenamento. Por conseguinte, os resultados da amostra TPS5 de abóbora misturada com tamarindo e abóbora são recomendados para utilização comercial e produção industrial em grande escala. A abóbora feita com tamarindo e ameixa é mais aceitável para os consumidores devido ao teste de acidez e deve ser vendida.

Recomendações

1. Podem também ser utilizadas diferentes proporções de polpa de tamarindo com outros tipos de polpa.

2. Propõe-se investigar os efeitos das condições de armazenamento e do material de embalagem na mistura de tamarindo e abóbora com ameixa.

3. Recomendamos que procure misturas de tamarindo e ameixa sem calorias.

LITERATURA

A. O. A. C. 2012. método oficial de análise. A Assoc. Official Analy. Chemists 19th.

Archana, P. e K. Laxman. 2014. estudos sobre a preparação e preservação do tamarindo. J. de Especiarias e Culturas Aromáticas. 24(1).

Bezman, Y., L. Russell, Rouseff e M. Naim. 2001. 2-Methyl-3-furanthiol and methional are possible secondary flavors in stored orange juice. J. Agric. Food Chem. 49(5): 425-432.

Brenndor, K., C. O. Oswin, D. S. Trim, G. C. Mrema e C. Werek. 1985 Werek. 1985. secadores solares e seu papel no processamento pós-colheita. Conselho de ciência da riqueza comum. 78-83.

Cecília, E. e G. A. Maia. 2002. estabilidade de armazenamento de sumo de maçã de caju conservado por enchimento a quente e processo assético. Depto. de Tecnologia de Alimentos. Univ. do Ceará, Brasil CEP. 60 : 511-110.

Chayu, C. C., S. Y. Wu e C. M. Chen. 1992, Differences of volatile and nonvolatile constituents between mature and ripe guava fruit, J. Agric. And Food Chem. Food Ind. Res. And Dev. Inst. Taiwan, ROC. 40 (50) : 846-849.

Diaz, M. H. M., P. J. Zapata, F. Guillen, D. M. Romero, S. Castillo e M. Serrano. 2009. Alterações na atividade antioxidante hidrofílica e lipofílica e compostos bioactivos relacionados durante o armazenamento pós-colheita de cultivares de ameixa amarela e roxa Postharvest Bio. and Tech. 51 (3) : 354-363.

Gajanana, K. 2002. Processamento de frutos de aonla (Emblica officinalisGaertn.). Tese de Mestrado (Hort.), Universidade de Ciências Agrícolas, Dharwad, Índia. (Hort.) Tese, Universidade de Ciências Agrícolas, Dharwad, Índia.

Gillani, S. S. N. 2002. desenvolvimento de abóbora a partir de quatro variedades diferentes de manga. Tese de mestrado. Departamento de Ciência e Tecnologia Alimentar. NWFP. Agri. Univ. Peshawar.

Hashmi, M. S., S. Alam, A. Riaz e A. S. Shah. 2007 Estudos de qualidade microbiológica e sensorial da polpa de manga armazenada com conservantes químicos. Pak. J. Nutr. 6: 85-88.

Hicks, D. 1990, Production and packaging of non-carbonated fruit juices and fruit drinks. Van Nostrland Reinhold, Nova Iorque. 264-306.

Hye, W. Y., C. B. Streaker, Q. H. Zhang e D. B. Min. 2000. efeito da pasteurização por campo elétrico na qualidade do sumo de laranja e comparação com a pasteurização térmica. J. Agri. Fd. Chem. 48: 4597-4605.

Imran, A., K. Rafiullah e A. Muhammad. 2000. Efeito da adição de açúcar em diferentes concentrações na estabilidade de armazenamento da polpa de goiaba. Sarhad. J. of Agric. 7(25): 35-39.

Ismail, S. e S. Rehman. 1995. Ciência e tecnologia das bebidas.

Jain, S., A. P. K. Sankhla, A. Dashora e A. K. Sankhla. 2003 Propriedades físico-químicas e sensoriais de bebidas de laranja. J. Food Sci. Tech. Ind. 40: 656-659.

Jitareerat, P., S. Paumchai e S. Kanlayanarat. 2007. Efeito do quitosano na atividade das enzimas de amadurecimento e no desenvolvimento de doenças em frutos de papaia (Carica papaya). Nova Zelândia J. Crop

Hort. Sci. 35 : 211-218.

Joshi, A. A., R. B. Kshirsagar e A. R. Sawate. 2012. estudos de normalização sobre a concentração de enzimas e o método de extração da polpa de tamarindo da variedade Ajanta. J. Food. Process and Tech. 3(2) : 1-3.

Kinh, A. E. H. Shearer, C. P. Dunne e D. G. Hoover. 2001 Preparação e conservação da polpa de maçã utilizando conservantes químicos e calor moderado. J. Food Pro. 28(6) : 111-114.

Komutarin, T., S. Azadi, L. Butterworth, D. Keil, B. Chitsomboon e M. Suttajit. 2004. O extrato do revestimento de sementes de tamarindus indica inibe a produção de óxido nítrico por macrófagos de rato in vitro e in vivo. Toxicologia alimentar e química. 42 : 649-658.

Kotecha, P. M. e S. S. Kadam. 2003 Preparação de bebidas prontas a servir, xarope e concentrado de tamarindo. J. Food Sci. Tech. 40 : 76-79.

Lakshmi K., A. K. V. Kumar, L. J. Rao e M. M. Naidu. 2005. Avaliação da qualidade de bebidas RTS aromatizadas e concentrados de bebidas. J. Food. Sci. Tech. 42 : 411-414.

Larmand, E. 1977. laboratório. Um método para a avaliação sensorial dos alimentos. Pub. Canadá, Dept. Agric. Ottawa.

Maiti, R., U. K. Das, e D. Ghosh. 2005. Supressão da hiperglicemia e hiperlipidemia em ratos com diabetes mellitus induzida por estreptozotocina por extrato aquoso de sementes de Tamarindus indica. Bio. Pharm. Boletim, 28(7) : 11721176.

Mapson, L. W. 1970. vitamins in fruits, In: Hulme, A C (Edn.) The Biochemistry of Fruits and their Products Vol. 1, Academic Press, London. 369-384.

Martin, J. J., Solances, E. Bota e J. Sancho. 1995. Alterações químicas e organolépticas do sumo de laranja pasteurizado Alimentaria. 216: 59-63.

Martinello, F., S. M. Soares, J. J. Franco, A. C. Santos, A. Sugohara e S. B. Garcia. 2006. efeitos hipolipidémicos e antioxidantes do extrato do fruto da polpa de Tamarindus indica L. em hamsters hipercolesterolémicos. Polpa em hamsters hipercolesterolémicos. Toxicologia alimentar e química. 44(6) : 810-818.

Muhammad, R., M. Ahmed, M. A. Chaudhry, B. Hussain e I. Khan. 1987 Preservation of ascorbic acid quality in orange pumpkin as a function of light exposure and container type. J. Pak. Sci. Ind. Res. 30: 480-483.

Nath, A., D. S. Yadav, P. Sarma e B. Dey. 2005. padronização da abóbora gengibre e seu armazenamento. J. Food Sci. Tech. 42 : 520-522.

Nidhi, R. Gehlot, R. Singh e M. K. Rana. 2008. Alterações nos constituintes químicos das misturas de bebidas RTS de goiaba durante o armazenamento. J. Food. Sci. Tech. 45 : 378-380.

Paracha, G. M. 2004. Desenvolvimento e estabilidade de armazenamento de abóbora com baixo teor calórico. Tese de Mestrado, Departamento de Ciência e Tecnologia Alimentar. Agri. Uni. Peshawar.

Rosario, M. J. G. 1996: Formulação de sumos de fruta e vegetais misturados prontos a beber. J. das Filipinas. 9(3): 201-209.

Sahu, C., P. L. Choudhary, S. Patel e R. Sahu. 2006. Propriedades físico-químicas e sensoriais da bebida à base de soro de leite de manga e ervas (erva-limão). Food Packer 60: 127-132.

Salari, H., K. N. Sreenivas, Shankarappa, T. H. H. C. Krishna e A. P. M.

Gowda. 2012. parâmetros físico-químicos e sensoriais de abóbora e xarope de romã em mistura de noz-moscada. Ambiente e Ecologia. 30 : 1052-1057.

Saleem, N., M. Kamran, S. A. Shaikh, O. M. Tarar e K. Jamil. 2011. Estudos sobre a transformação e preparação de cabaça de pêssego. Pak. J. Biochem. Mol. Biol. 44(1): 12-17.

Sanchez, P.C.. 1985. vinhos de frutas tropicais. O lucrativo negócio de Pesquisa em Los Banos, 3: 10-13.

Seeram, N. P., L. S. Adams, Y. J. Zhang, R. Lee, D. Sand e H. S. Scheuller. 2006. Os extractos de amora, framboesa preta, mirtilo, arando, framboesa vermelha e morango inibem o crescimento e estimulam a apoptose de células cancerígenas humanas in vitro J. of Agri. and Food Chem. 54 (25): 9329-9339.

Shankaracharya, N. B. 1998. Química, tecnologia e utilização do tamarindo: uma avaliação crítica. J. of Food Sci. and Tech. 35 : 193-208.

Siddig, K. E., H. P. Gunasena, B. A. Prasad, D. K. Pushpakumar, K. V. Ramana, P. Vijayanand e J. T. Williams. 2006. Tamarind monograph, Southampton centre for underutilized crops, Southampton, U.K. 1-198.

Singh, S., U. S. Shivhare, J. Ahmed e G. S. V. Raghavan. 1999. cinética de concentração osmótica e qualidade de cenouras enlatadas. J. Food. Res. Int. 32: 509 - 514.

Steel, R., J. Torrie e D. Dickey. 1996 Principles and Procedures of Statistics. A Biometrical Approach, 3rd). Ed. mcgrawHill book Co., NY. EUA.

Stone, Z., T. Yasmin, M. Bagchi, A. Chatterjee, J. A. Vinson e D. Bagchi. 2007. berry anthocyanins as novel antioxidants for human health and disease prevention Molecular Nutr. and Food Res. 51 (6): 675-683.

Syed, H. M., P. U. Ghatge, G. Machewad e S. Pawar. 2012. estudos sobre a preparação de abóbora laranja doce. Departamento de Química Alimentar e Nutrição. 1:311.

Uddin, G., A. Rauf, M. Qasir, A. Latif e M. Ali. 2011. rastreio fitoquímico preliminar e atividade antimicrobiana de Hedera helix L. Middle East J. Sci. 8: 198-202.

Wang, C.Y.. 1993. Abordagens para reduzir os danos causados pela refrigeração em frutas e legumes Hort. Rev, 15 : 63-95.

ADIÇÕES

Apêndice Quadro de análise de variância para o rácio açúcar/acidez das misturas de tamarindo e ameixa seca

Source	DF	SS	MS	F	P
STORAGE	6	206.751	34.4586	454.12	0.0000
TREAT	7	126.877	18.1252	238.87	0.0000
Error	42	3.187	0.0759		
Total	55	336.815			

Grand Mean 47.767 **CV** 0.58

Apêndice Quadro da análise de variância para os SST das misturas de tamarindo e ameixa seca

Source	DF	SS	MS	F	P
STORAGE	6	2.417	0.4028	213.47	0.0000
TREAT	7	100.582	14.3688	7615.37	0.0000
Error	42	0.079	0.0019		
Total	55	103.078			

Grand Mean 49.274 **CV** 0.09

Apêndice Quadro de análise de variância para a acidez das misturas de tamarindo e ameixa

Source	DF	SS	MS	F	P
STORAGE	6	0.07691	0.01282	694.68	0.0000
TREAT	7	0.18931	0.02704	1465.65	0.0000
Error	42	0.00078	0.00002		
Total	55	0.26700			

Grand Mean 1.0348 **CV** 0.42

Apêndice Quadro de análise de variância para o pH das misturas de tamarindo, ameixa e abóbora

Source	DF	SS	MS	F	P
STORAGE	6	0.03607	0.00601	299.58	0.0000
TREAT	7	0.30846	0.04407	2195.80	0.0000
Error	42		0.00084	0.00002	
Total	55	0.34537			

Grand Mean 2.8043 **CV** 0.16

ApêndiceTabela de análise de variância para a vitamina C numa mistura de tamarindo e abóbora

Source	DF	SS	MS	F	P
STORAGE	6	943.48	157.247	343.12	0.0000
TREAT	7	396.17	56.595	123.50	0.0000
Error	42	19.25	0.458		
Total		55	1358.90		

Grand Mean 33.470 **CV** 2.02

Apêndice Quadro de análise de variância para a redução de açúcar em misturas de tamarindo e ameixa

Source	DF	SS	MS	F	P
STORAGE	6	1244.44	207.406	303.18	0.0000
TREAT	7	27.45	3.921	5.73	0.0001
Error	42	28.73	0.684		
Total		55	1300.62		

Grand Mean 24.435 **CV** 3.38

Apêndice Quadro de análise de variância para açúcares não redutores em misturas de tamarindo e ameixa

Source	DF	SS	MS	F	P
STORAGE	6	3435.56	572.594	595.42	0.0000
TREAT	7	311.37	44.481	46.25	0.0000
Error	42	40.39	0.962		
Total	55	3787.32			

Grand Mean 33.841 **CV** 2.90

Apêndice Análise de variância para o sabor das misturas de tamarindo, ameixa e abóbora

Source	DF	SS	MS	F	P
STORAGE	6	36.9350	6.15583	40.93	0.0000
TREAT	7	35.5086	5.07265	33.73	0.0000
Error	42	6.3164	0.15039		
Total	55	78.7600			

Grand Mean 7.4000 **CV** 5.24

Apêndice Análise de variância para a cor das misturas de tamarindo, ameixa e abóbora

Source	DF	SS	MS	F	P
STORAGE	6	44.1075	7.35125	31.11	0.0000
TREAT	7	38.0198	5.43140	22.99	0.0000
Error	42	9.9239	0.23628		
Total	55	92.0512			

Grand Mean 7.1625 **CV** 6.79

Apêndice Análise de variância para o sabor das misturas de tamarindo, ameixa e

Source	DF	SS	MS	F	P
STORAGE	6	45.565	7.5942	49.37	0.0000
TREAT	7	116.036	16.5765	107.76	0.0000
Error	42	6.461	0.1538		
Total	55	168.061			

Grand Mean 7.8125 **CV** 5.02

abóbora

Apêndice Quadro da análise de variância para a aceitação global da mistura de tamarindo e abóbora com ameixa

Source	DF	SS	MS	F	P
STORAGE	6	39.7343	6.62238	44.45	0.0000
TREAT	7	47.9141	6.84487	45.95	0.0000
Error	42	6.2571	0.14898		
Total	55	93.9055			

Grand Mean 7.5661 **CV** 5.10

I want morebooks!

Buy your books fast and straightforward online - at one of world's fastest growing online book stores! Environmentally sound due to Print-on-Demand technologies.

Buy your books online at
www.morebooks.shop

Compre os seus livros mais rápido e diretamente na internet, em uma das livrarias on-line com o maior crescimento no mundo! Produção que protege o meio ambiente através das tecnologias de impressão sob demanda.

Compre os seus livros on-line em
www.morebooks.shop